Bibliografische Information der Deutschen Nationalbibliothek:

Die Deutsche Bibliothek verzeichnet diese Publikation in der Deutschen Nationalbibliografie; detaillierte bibliografische Daten sind im Internet über http://dnb.d-nb.de/ abrufbar.

Impressum:

Druck und Bindung: Books on Demand GmbH, Norderstedt Germany
ISBN: 9783640545766

Dieses Buch bei GRIN:

http://www.grin.com/de/e-book/144979/energy-scavenging-und-harvesting

J. Beck, M. Maresch, M. Gunesch

Energy Scavenging und Harvesting

Prinzipien, Stand der Technik und Ausblick (Expertenbefragung)

GRIN Verlag

Energy Scavenging

Prinzipien, Stand der Technik & Ausblick

Projektpraktikum Nanoelektronik

Lehrstuhl für Nanoelektronik
Technische Universität München

Eingereicht von: Miriam Maresch
TUM-BWL

Johannes Beck
TUM-BWL

Michael Gunesch
TUM-BWL

Datum: 13. Januar 2010

Inhalt

Abbildungsverzeichnis

Tabellenverzeichnis

1. Einleitung

In den Medien ist immer wieder von Anwendungen die Rede, bei denen auf unkonventionelle Weise Energie erzeugt wird. So existiert beispielsweise in London eine Discothek, bei der die Gäste auf der Tanzfläche durch ihre Tanzbewegungen Strom für die Beleuchtung erzeugen. Das Prinzip das dahinter steckt ist simpel. Der Boden der Tanzfläche besteht aus einzelnen Platten, die durch die Belastung durch das menschliche Gewicht etwas nachgeben. Unter den Platten wird diese Bewegung durch entsprechende Systeme dann in elektrische Energie umgewandelt. Dieses System wird nun auch von einem Supermarkt angewendet. Dessen Parkplatz verfügt ebenfalls über bewegliche Platten, die durch das Gewicht der Autos von Kunden und Lieferanten für Energie an den Kassen sorgen (Süddeutsche Zeitung, Schrader, 2009). Was hier im großen Maßstab umgesetzt wurde wird auch im Nanobereich angewendet, um kleinere Geräte und Sensoren autark mit Energie zu versorgen. Die Methode, aus in der Umwelt abfallender Energie nutzbare elektrische Energie zu erzeugen, wird als Energy Harvesting oder auch Energy Scavenging bezeichnet. Der Name beruht auf dem ‚Ernten' derjenigen Energie, die als Abfallprodukt von biologischen oder chemischen Prozessen entsteht.
Es gibt dabei verschiedene Anwendungsformen, die auf unterschiedliche Weise versuchen, Energie aus der Umgebung zu gewinnen.

Ziel dieser Arbeit ist es, einen Überblick über die bestehenden Anwendungen zu geben, die Prinzipien dahinter zu erklären und einen Ausblick auf die Zukunft dieser Technologien zu geben. Im ersten Teil der Arbeit werden hierfür die theoretischen Grundlagen dargestellt. Die Begriffe Energy Harvesting und Energy Scavenging werden definiert und gegeneinander abgegrenzt. Außerdem wird der Bedarf für eine autarke Energieversorgung aufgezeigt und schließlich werden die verschiedenen verfügbaren Energiequellen aufgezählt und erläutert. Der zweite Teil beschäftigt sich mit den technischen Anwendungsprinzipien, die für Energy Harvesting Systeme verwendet werden können. Nachdem der jeweils zugrunde liegende physikalische Effekt erklärt wurde, wird der Stand der Technik dargelegt und die Vor- und Nachteile des Prinzips erläutert. Der abschließende dritte Teil der Arbeit beschäftigt sich mit der zukünftigen Entwicklung der Technik und des Marktes der energieautarken Systeme. Nach einem Überblick über aktuelle Studien und Produktkonzepte wird theoretisch dargestellt, welche Forschungsmethode (Expertenbefragung) verwendet werden sollte, um generellere Aussagen über die Entwicklung des Energy Scavenging treffen zu können. Danach werden die befragten Personen und deren Institutionen vorgestellt. Schließlich werden deren Aussagen und zusätzliche Materialien zusammengefasst, um einen Einblick in die möglichen Trends und Entwicklungen auf dem Markt zu erhalten.

2. Theoretische Grundlagen

Um die praktischen Anwendungen zu verstehen und einen Ausblick auf zukünftige Entwicklungen geben zu können, sind einige theoretische Grundlagen nötig. Nach Definition und Abgrenzung wird der Bedarf für Energy Harvesting dargelegt. Anschließend werden mögliche Quellen dargestellt und erläutert.

2.1. Definitionen und Abgrenzung

Energy Harvesting (oder auch Power Harvesting) bezeichnet das Nutzen der in der Umgebung vorhandenen Energie durch Mikro- oder Nanosysteme, um sie in elektrische Energie umzuwandeln. Die durch Energy Harvesting (EH) erzeugte Energie soll in erster Linie keine konventionellen Kraftwerke zur Erzeugung von Strom für die Versorgung der Haushalte und des Verkehrs ersetzen, sondern wird eingesetzt, um kleinere elektronische und elektrische Geräte zu versorgen (Harrop P. , 2009). Grundsätzlich besteht ein Energy Harvesting System aus Energiewandler und –speicher und dient dazu, eine Energiequelle in nutzbare elektrische Energie umzuwandeln (siehe Abbildung 1)

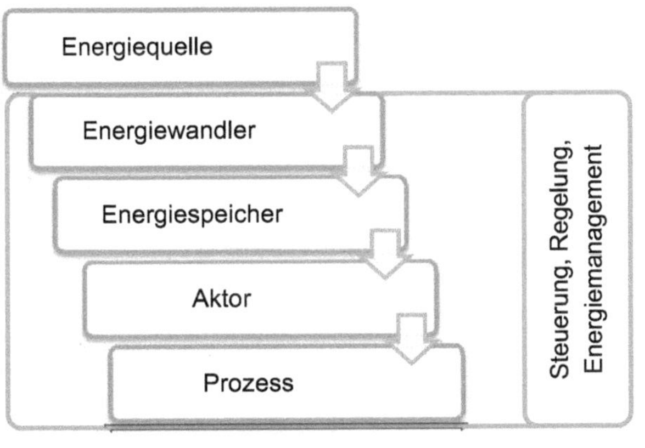

Quelle: Wallaschek, 2007

Abbildung 1: Grundschema eines Energy Harvesters

In der Literatur werden die Begriffe Energy Harvesting und Energy Scavenging oft als Synonyme verwendet. Shashank et al. (2009) definieren den Unterschied in der Art der Energiequelle. Bei Energy Harvesting ist das Auftreten der abfallenden Energie bekannt und planmäßig. Ein Beispiel hierfür ist die Photovoltaik, bei der die Energiezufuhr regelmäßig und gleichmäßig geschieht. Beim Energy Scavenging hingegen ist die nutzbare Energie unbekannt oder zumindest höchst unregelmäßig und stellt eher ein Abfallprodukt dar. Ein Beispiel hierfür sind Turnschuhe, die die Laufenergie zum Betreiben von Schrittzählern heranziehen. Hier kann nicht genau bestimmt werden, wann und in welcher Intensität die Energie geerntet werden kann. Die genaue Trennung der Definitionen ist vor allem beim Dimensionieren der Technologie und dem Planen des Standpunktes notwendig. Thema der Arbeit sind die genutzten physikalischen Effekte, Anwendungen und zukünftigen Entwicklungen des Energy Scavenging, weshalb auf Erklärungen von beispielsweise Photovoltaik verzichtet wird. Da in der zugrundeliegenden Literatur aber oftmals keine Unterscheidung der Begriffe vorliegt, werden die beiden Möglichkeiten, Energie zu ernten, im Folgenden als Synonyme verwendet.

2.2. Motivation/Bedarf für Energy Harvesting

Die Fraunhofer Gesellschaft sieht das Entwickeln von energieautarken Systemen als eins von zwölf Zukunftsthemen an, um Herausforderungen wie Klimawandel, Ressourcenmangel oder Gesundheitsvorsorge zu begegnen. Im Einzelnen lassen sich drei Gebiete identifizieren, die einen unterschiedlichen Bedarf nach autark erzeugter Energie aufweisen.
Wie bereits erwähnt, eignet sich Energy Harvesting selten als alleinige Energiequelle zur Versorgung eines ganzen Gebäudes mit Wärme und Strom. Allerdings kann es zusätzlich eingesetzt werden, um Energiekosten zu senken und Umweltbeeinträchtigungen zu verringern. Vor allem bei Steuerungselementen können energieautarke Elemente zu Einsparungen und verringertem Aufwand führen. Zum Beispiel hat EnOcean, ein deutsches Energy Scavenging Unternehmen, in einem Gebäude in Madrid 4200 kabel- und batterielose Lichtschalter und Lichtsensoren installiert, die durch Energy Harvesting betrieben werden. Durch diese Technologie konnten 40% der Energiekosten für die Beleuchtung eingespart werden und 32 km Kabel. Außerdem hätten die Bauteile in 5 Jahren 42000 Batterien verbraucht, die Energy Harvesting Sensoren dagegen haben weine weitaus längere Laufzeit und sind weitgehend wartungsfrei. Anwendungsbeispiele wie diese zeigen die Vorteile von energieautarken Systemen in Zeiten, in denen Umweltprobleme und Energiekrisen immer größere Themen werden (Harrop P. , 2009).
Eine weitere Einsatzmöglichkeit für Energy Scavenging sind Gebiete ohne hinreichende Versorgung mit Elektrizität. Gerade in der dritten Welt könnten energieautarke Systeme dafür sorgen, dass die Menschen Strom beziehen können. Viele karitative Einrichtungen verfolgen dieses Ziel. Die „One Laptop Per Child" Initiative beispielsweise hat das Ziel, die Kinder mit Computern auszustatten, die sich per Photovoltaik oder mechanische Energie mit Strom versorgen (OLPC, 2010). Eine weitere soziale Einrichtung namens Lebone entwickelt Möglichkeiten, aus der Erde oder anderen organischen Materialien wie Essensabfällen oder Dung Energie zu gewinnen. Die Anwendung ist einfach herzustellen und zu verwenden (siehe Abbildung 2). Ein Stück Tuch dient als Anode und wird mit einem Eimer mit Erde bedeckt. Ein Stück Maschendrahtzaun dient als Kathode und wird mit einem Draht mit der Anode verbunden. In den Schaltkreis

wird eine LED Lampe integriert. Die Mikroben in der Erde produzieren Elektronen und sorgen dafür, dass die LED leuchtet und somit auch bei Nacht für Licht (Henderson, 2009).

Quelle: Henderson, 2009

Abbildung 2: Microbial Fuel Cell (MFC)

Diese Microbial Fuell Cells (MCF) sind kostengünstig und sowohl tageszeit- als auch wetterunabhängig. Das Verwenden von Energy Harvesting Technologien könnte demnach für eine Verbesserung des Lebensstandards in den Dritte Welt Ländern sorgen.

Doch auch in den entwickelten Ländern besteht Bedarf für energieautarke Systeme. Vor allem als Ersatz für Batterien sind die Bauteile denkbar oder bereits im Einsatz. Viele der heute verwendeten Geräte wie Handys oder Laptops benötigen häufige Ladevorgänge und haben oft eine nur unbefriedigende Lebensdauer (Hebling, 2007). Während sich die Leistung der Computer und Speicherbausteine in den letzten Jahren exponentiell gesteigert hat, wächst die Kapazität der Batterien und Akkus nur langsam (siehe Abbildung 3)

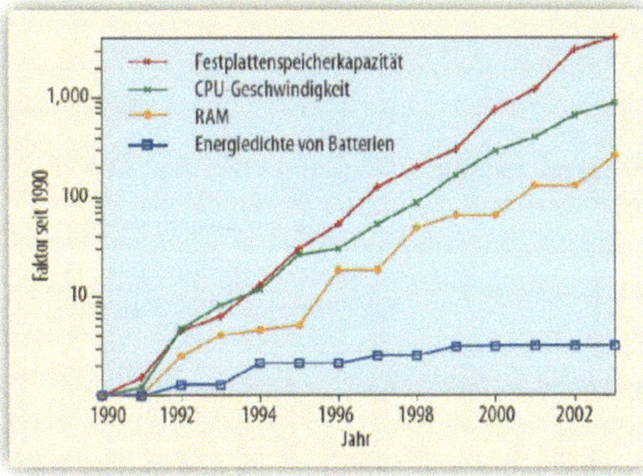

Quelle: Hebling, 2007

Abbildung 3: Entwicklung von ausgewählten Computer-Leistungszahlen

Energy Scavenging Systeme könnten dafür sorgen, dass viele Geräte längere Laufzeiten haben. Der größte Vorteil der neuen Energieversorgung liegt in den entwickelten Ländern also vor allem am geringeren Aufwand und der Langlebigkeit der Bauteile.

Harrop (2009) listet die Vorteile des Energy Harvesting in den einzelnen denkbaren Anwendungsgebieten auf (siehe Tabelle 1).

Gerät	Größter Vorteil bei Einsatz von EH
Handys, E-Books, Laptops	Komfort und Benutzerfreundlichkeit
Kabellose Sensornetzwerke	Möglichmachen der Überwachung von ansonsten unzugänglichen und mobilen Einsatzorten wie beispielsweise Baumbestände bei Bränden. Kostenreduktion
Militärische Einrichtungen	Neue Einsatzmöglichkeiten, betriebsbereite Verfügbarkeit
Medizinische Implantate	Sicherheit, weniger invasive Eingriffe nötig
Medizinische Einwegartikel	Kostenreduzierung, Komfort
Konsumentenartikel und Verpackung	Kostenreduzierung, neue Einsatzöglichkeiten

Quelle: Harrop, 2009

Tabelle 1: Denkbare Anwendungsgebiete und Vorteile

Mehr als 90% der anvisierten kabellosen Technologie wird allerdings nur realisierbar werden, wenn preisgünstige und praktikable Energy Harvesting Technologien entwickelt werden.

2.3. Energie-Quellen

Nutzbare vorhandene Energiequellen für Energy Harvesting sind vor allem Licht, Wärme und mechanische Vibrationen, aber auch Luftströmungen oder elektromagnetische Strahlung (Niggemann, Michels, & Richter, 2008). Ziel des Energy Scavenging ist das Nutzen von unregelmäßig anfallender Energie aus der Umwelt, die ansonsten ungenutzt bleiben würde. Wie bereits erwähnt, fällt das Nutzen von Sonnenlicht als Energiequelle mittels Photovoltaik in den Bereich des Energy Harvesting und ist deshalb nicht Bestandteil dieser Arbeit. Wärme kommt beispielsweise als Abwärme bei industriellen Prozessen und als Körperwärme vor, wobei hier vor allem Temperaturunterschiede genutzt werden. Die meiste Forschung im Bereich Energy Harvesting findet momentan über Anwendungen statt, die Vibrationen in elektrische Energie wandeln. Es existieren sehr viele Quellen für Vibration, zum Beispiel sich bewegende Menschen und Maschinen. Bewegungen setzen immer auch Energie frei, die bisher meist ungenutzt blieb. Zahlreiche Forschungen und Entwicklungen zielen daher auf dieses Gebiet ab. Shashank et al. (2009) ordnen die nutzbaren Quellen den Kategorien Menschlicher Körper, Fahrzeuge, Infrastruktur, Industrie und Umwelt zu (siehe Tabelle 2)

Kategorie	Nutzbare Quellen
Menschlicher Körper	Atmung, Blutdruck, Körperwärme, Lauf-, Arm-, Fingerbewegung, Joggen, Schwimmen, Essen, Reden
Fahrzeuge	Flugzeuge, Hubschrauber, Automobile, Züge, Reifen, Schienen, Bremsen, Turbinen, Stoßdämpfer
Infrastruktur	Brücken, Straßen, Tunnel, Bedienelemente, Heizungs-, Belüftungs-, Klimaanlagen, Kanäle
Industrie	Motoren, Kompressoren, Pumpen, Ventilatoren, Kühlaggregate, Fließbänder, vibrierende Maschinen
Umwelt	Wind, Gezeiten, Strömungen, Schallwellen

Quelle: Shashank et al., 2009

Tabelle 2: Nutzbare Quellen

Niggemann et al. (2008) beurteilen die verschiedenen Quellen nach technischen Kriterien wie Leistungsdichte, Spannung, Baugröße, Wirkungsgrad, Robustheit und Realisierbarkeit der jeweiligen Anwendungen. Dem gegenüber setzen sie wirtschaftliche Kriterien wie Lebensdauer, Herstell- und Wartungskosten und Verfügbarkeit (siehe Abbildung 4).

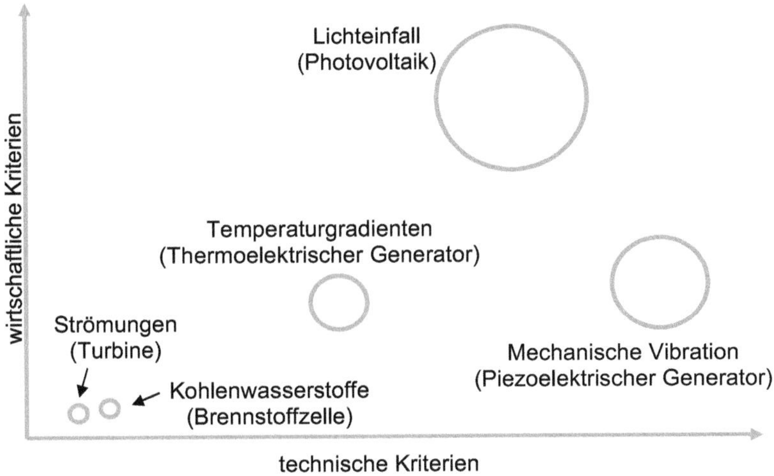

Quelle: Niggemann et al., 2008

Abbildung 4: Energiequellen für Energy Harvesting

Betrachtet man die Darstellung, so scheint es am sinnvollsten, mechanische Vibration für Energy Scavenging Systeme heranzuziehen. Welches der Prinzipien verwendet werden sollte, hängt jedoch von der in der Umgebung vorhandenen Energie ab. Wirtschaftlich betrachtet haben die Energy Scavenging Anwendungen allerdings noch Verbesserungspotenzial.

3. Anwendungsprinzipien

Um die genannten Energiequellen nutzen zu können, gibt es verschiedene Anwendungsprinzipien. Ziel aller ist das Umwandeln der abfallenden Energie in die jeweils gebrauchte Energieform wie zum Beispiel elektrische Energie. Es existiert eine Vielzahl an Anwendungsprinzipien, die Energy Scavenging und Energy Harvesting ermöglichen. In dieser Arbeit werden die vier am häufigsten verwendeten Prinzipien erklärt und ein Überblick über den Stand der Technik gegeben.

3.1. Piezoelektrisches Anwendungsprinzip

Da Vibration nach Sonnenenergie die am meisten vorhandene Energiequelle für Energy Harvesting Systeme darstellt (siehe Abbildung 4), sind vor allem diejenigen Anwendungsprinzipien interessant, die es ermöglichen, die oft unregelmäßig auftretende Vibration in elektrische Energie zu wandeln. Für diese Anwendungen werden aufgrund vieler Vorteile oftmals piezoelektrische Wandler eingesetzt.

3.1.1. Physikalischer Effekt

Das Prinzip des piezoelektrischen Energy-Harvesting basiert auf dem piezoelektrischen Effekt. Der Effekt wurde 1880 von den Gebrüdern Curie entdeckt. Bei bestimmten Kristallen und organischen Polymeren tritt bei einer mechanischen Krafteinwirkung eine Verformung auf, die eine Polarisation und somit die Entstehung eines elektrischen Feldes zur Folge haben. Die so entstandene Spannung lässt sich dann durch Elektroden abgreifen. Der Piezo-Effekt lässt sich auch andersherum nachweisen: Legt man an einen Kristall eine Spannung an, verformt sich die Kristallstruktur entsprechend.

Abhängig von der Art der Geometrieänderung des Piezo-Kristalls lassen sich drei verschiedene technisch nutzbare Vorgänge unterscheiden: Der Längs-Effekt, der Quer-Effekt und der Schereffekt (Hering, Martin, & Stohrer, 1989):

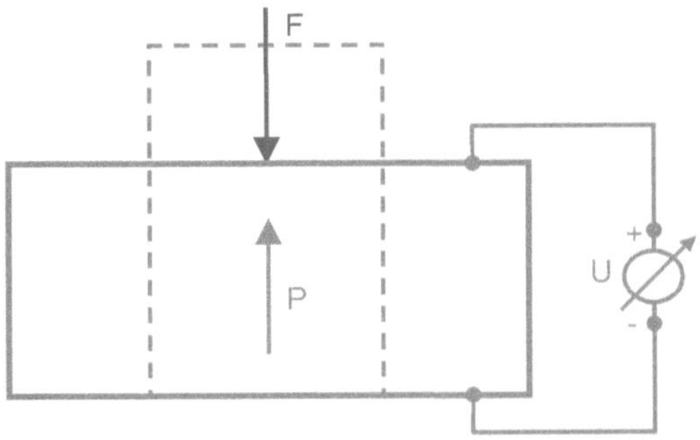

Quelle: Hering et al., 1989

Abbildung 5: Längs-Effekt

Bei einer Längs-Krafteinwirkung F wird der Druck entlang der polaren Achse ausgeführt. Die so entstandene Polarisation P führt zu einer Spannnung U in gleicher Richtung.

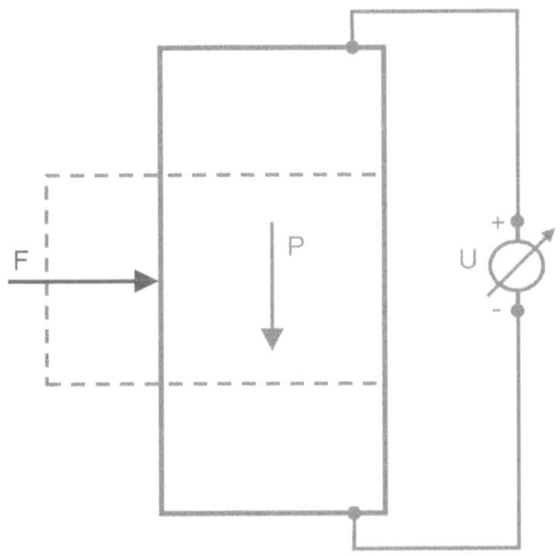

Quelle: Hering et al., 1989

Abbildung 6: Quer-Effekt

Bei einer Komprimierung senkrecht zur polaren Achse spricht man vom Quer-Effekt. Die Krafteinwirkung F erzeugt hier eine transversale Polarisation P und damit eine Querspannung U.

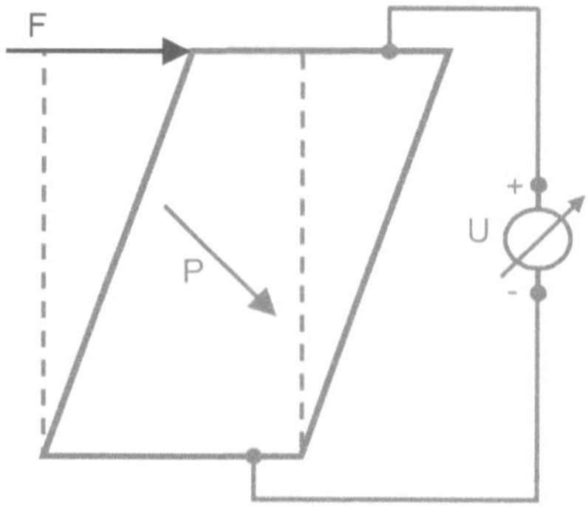

Quelle: Hering et al., 1989

Abbildung 7: Scher-Effekt

Wird der Kristall durch die Krafteinwirkung F in Scherrichtung komprimiert, wird dadurch eine diagonal wirkende Polarisation P erwirkt, die ebenfalls eine Querspannung U verursacht.

Der piezoelektrische Effekt kann nur bei Kristallen auftreten, die eine polare Achse haben, wie zum Beispiel Quarz. Die Kristalle sind ohne Krafteinwirkung elektrisch neutral. Wird zum Beispiel durch Druck eine Geometrieänderung herbeigeführt, ändert sich die Struktur und eine Ladungsveränderung tritt auf. Dieser Effekt lässt sich exemplarisch für einen Quarz-Kristall und eine Längs-Krafteinwirkung folgendermaßen grafisch darstellen (Lindner, 1993):

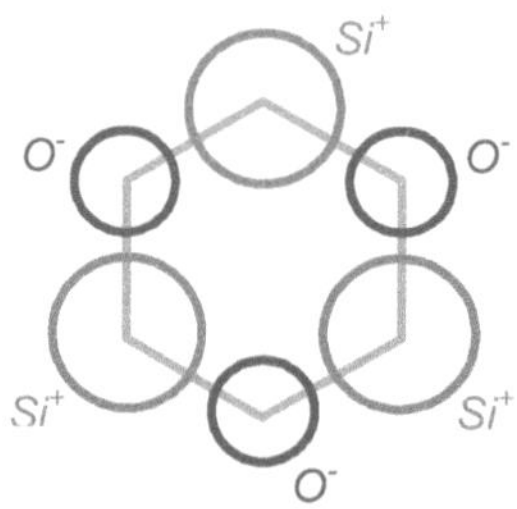

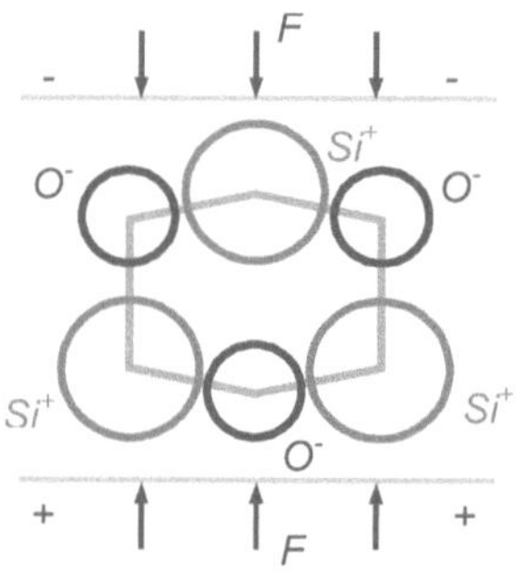

Quelle: Hering et al., 1989

Abbildung 8: Neutraler Quarz- **Abbildung 9: Längs-Krafteinwirkung**

Kristall

Im Zustand ohne Krafteinwirkung kompensieren sich die negativen Sauerstoffatome und die positiven Siliziumatome.
Die durch Krafteinwirkung erzeugte Verschiebung der Strukturzellen bewirkt die Entstehung eines Dipols und somit einer abgreifbaren elektrischen Spannung. Das entstandene elektrische Feld ist proportional zur Längenveränderung $\frac{\Delta x}{x}$.
Die zum elektrischen Feld gehörende Spannung bei einer Längsverschiebung ist somit:

$$U = \delta \cdot \Delta x$$

Wobei δ der piezoelektrische Koeffizient ist. Dieser ist eine Materialkonstante und hängt von dem verwendeten Werkstoff ab.

3.1.2. Stand der Technik

Die heute vorhandenen und verwendeten piezoelektrischen Wandler haben eine elektrische Ausgangsspannung von 1-100 Volt, was verglichen mit anderen Prinzipien ein hoher Wert ist (Kanoun & Wallaschek, 2008). Dabei sind bisher Leistungsdichten von 16,8 µW/cm³ bei einer Beschleunigung von 2 m/s² erreichbar (Shashank & Inman, 2009).

Der piezoelektrische Effekt bewirkt eine Umformung von mechanischer in elektrische Energie. Ein Vorteil dieser Anwendung ist die geringe benötigte Größe, die es ermöglicht, auch kleinere Krafteinwirkungen umzuwandeln und als elektrische Energie zu nutzen. Piezoelektrische Materialien, vor allem Keramiken, haben allerdings das Problem, dass sie sehr starr sind und deswegen einen hohen Druck brauchen, um effektiv zu funktionieren (Liu, Tian, Wang, Lin, Zhang, & Hofmann, 2009). Deswegen werden sie in der Praxis in mechanische Strukturen (siehe Abbildung 10), wie „unimorph/bimorph cantilever beams" (Wang, Du, Xu, & Cross, 1999) eingebunden oder auf mehrschichtige Strukturen aufgebracht (Newnham, Skinner, & Cross, 1978).

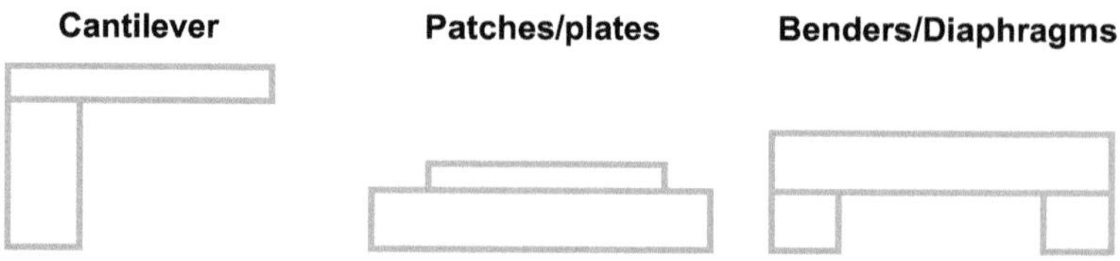

Quelle: Shashank et al., 2009

Abbildung 10: Nutzbare Strukturen für piezoelektrische Harvester

Ein weiterer Nachteil ist die geringe Ladungseffizienz der meisten piezoelektrischen Materialien wie beispielsweise Polyvinylidenfluorid (Kanoun & Wallaschek, 2008).

3.2. Elektromagnetisches Anwendungsprinzip

Auch elektromagnetische Anwendungen lassen sich nutzen, um die Vibration in der Umgebung in elektrische Energie zu wandeln. Anders als bei dem piezoelektrischen Prinzip wird hier allerdings das magnetische Feld genutzt.

3.2.1. Physikalischer Effekt

Das Prinzip des elektromagnetischen Energy-Harvesting basiert auf der elektromagnetischen Induktion. Das bereits 1831 von Michael Faraday entdeckte Gesetz besagt, dass in einem Leiter eine Spannung entsteht, wenn sich das magnetische Feld um diesen ändert (Chalasani & Conrad, 2008).

Das Faraday'sche Gesetz oder Induktionsgesetz lautet:

$$U = N \cdot \frac{\Delta\Phi}{\Delta t}$$

Wobei N die Windungszahl der Induktionsspule, $\Delta\Phi$ die Flussänderung und Δt die Zeitdauer ist.

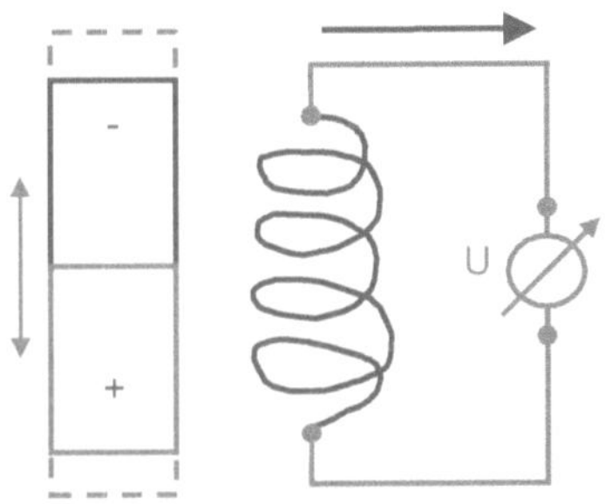

Quelle: Eigene Darstellung

Abbildung 11: Induktion

Bei der Anwendung wird vorwiegend mit Stabmagneten gearbeitet. Ein Stabmagnet wird neben einer Leiterspule durch Vibration bewegt (siehe Abbildung 11). Dadurch verändert sich das magnetische Feld um die Spule und es wird

Spannung induziert. Diese Spannung kann dann zum Beispiel zum Betreiben von Sensoren verwendet werden (Beeby, Tudor, & White, 2006).

3.2.2. Stand der Technik

Elektromagnetische Generatoren sind bereits heute energetisch und technisch sehr interessant, da sie vergleichsweise hohe Leistungen bis zu einigen Milliwatt erreichen können (Kanoun & Wallaschek, 2008). Je nach Anwendung und Dimensionierung sind unterschiedliche Leistungsparameter erzielbar. Folkmer (2007) spricht von einer Leistung von über 100µW (resonantes Multi-Mode Prinzip) beziehungsweise bis über 10mW (nicht-resonante Prinzipien). Roundy (2003) limitiert die erzeugbare Spannung mittels elektromagnetischen Energy-Harvesting-Systemen auf maximal 0,1V.

Die Vorteile dieser Methode liegen in der hohen Verlässlichkeit der Systeme und der geringen mechanischen Dämpfung. Dies liegt vor allem daran, dass kein Kontakt zwischen den einzelnen Teilen stattfinden muss (Chalasani & Conrad, 2008). Außerdem erfordern die Systeme keine zusätzliche Energiequelle (Roundy S. , 2003). Allerdings sind die Abmessungen dieser Systeme nicht besonders klein und so ist die Integration in MEMs sehr kompliziert (Wang & Yuan, 2007). Zudem ist die Integration in Planartechnik technologisch problematisch, „da die Herstellung von mehrlagigen Spulenwicklungen und Mikromagneten in der Mikrotechnik mit hohem Aufwand verbunden ist (Kanoun & Wallaschek, 2008).

3.3. Elektrostatisches Anwendungsprinzip

Das elektrostatische Anwendungsprinzip nutzt die kapazitiven Kräfte, um vorhandene Vibration zu wandeln. Elektrostatische Anwendungen werden unter anderem aus Kostengründen nicht so häufig verwendet wie piezoelektrische oder elektromagnetische Systeme.

3.3.1. Physikalischer Effekt

Es ist schon seit dem Altertum bekannt, dass geriebener Bernstein auf Wollfasern, Staubteilchen und andere leichte Materialien Anziehungskraft auswirkt (Lindner, 1993). Beim Energy Scavenging findet dieses Prinzip in elektrostatischen Generatoren Anwendung. Grundlage des elektrostatischen Prinzips ist die Erkenntnis, dass zwei geladene Körper Kräfte aufeinander ausüben. Gleichartige Ladungen stoßen sich ab während unterschiedliche Ladungen einander anziehen.

Erklären lässt sich das Phänomen der Elektrostatik mithilfe des Coulombschen Gesetzes:

$$F = K\frac{Q_1 \cdot Q_2}{r^2} \text{ bzw. } E = K\frac{Q_1}{r^2}$$

Die Coulomb-Kraft F ergibt sich demnach aus der Coulomb-Konstanten[1] K, den punktförmigen Ladungsmengen Q_1 und Q_2 und dem Abstand ihrer Mittelpunkte r. Die Ladung Q_1 folgt dem elektrischen Feld und hat ein positives Vorzeichen, Q_2 läuft ihm entgegen und ist somit negativ. Das Prinzip der Ladungsvorzeichen lässt sich folgendermaßen veranschaulichen:

[1] K≈ $8{,}987551787 \cdot 10^9 \frac{Vm}{As}$

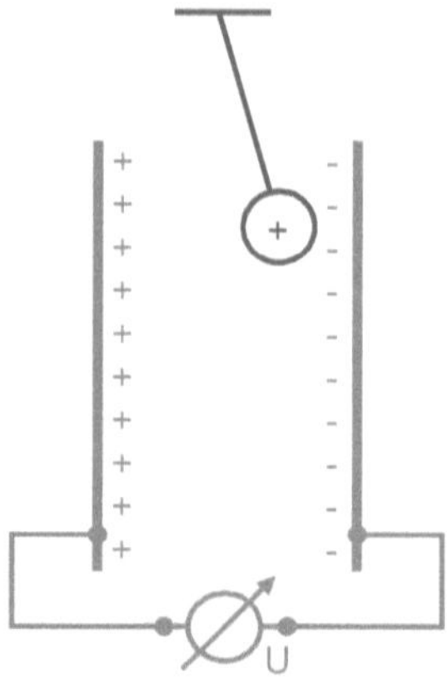

Quelle: Lindner, 1993

Abbildung 12: Elektrostatik

Lädt man einen Tischtennisball, der zwischen zwei entgegengesetzt geladenen Platten hängt, positiv auf, bewegt er sich zur negativ geladenen Platte.
Um das Prinzip der Elektrostatik zur Energiegewinnung zu nutzen, lässt sich folgender Aufbau verwenden:

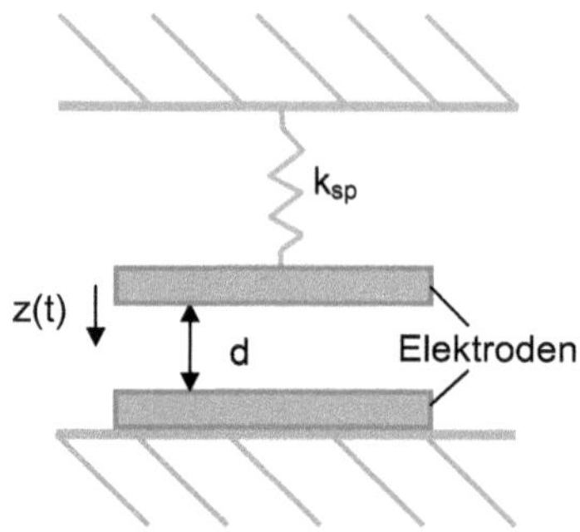

Quelle: Roundy, 2005

Abbildung 13: Anwendung

An den beiden Kondensatorplatten liegt eine Anfangsspannung an, die die Platten negativ bzw. positiv auflädt. Die Energiequelle, die für diese Anwendung genutzt werden kann, ist Vibration. Durch Druck auf die obere Platte verändern sich der Plattenabstand und damit die Kapazität des Kondensators. Daraus folgt eine Ladungsverschiebung und ein resultierender Verschiebungsstrom I(t), der abgegriffen werden kann (Roundy S. , On the Effectiveness of Vibration-based Energy Harvesting, 2005).

3.3.2. Stand der Technik

Simulationen zeigten, dass mit dem elektromagnetischen Prinzip Leistungen im Mikrowattbereich erzeugt werden können. Bis heute gibt es allerdings wenige praktische Umsetzungen (Kanoun & Wallaschek, 2008). Starner et al. (2004) berichten dagegen sogar von kapazitiven Wandlern, die Leistungen von 300 Milliwatt erzeugen.

Der Vorteil von elektrostatischen Wandlern ist, dass sie keine ‚smarten' Werkstoffe benötigen und sich leicht in der Mikroelektronik verwenden und integrieren lassen. Allerdings benötigen sie eine zusätzliche Spannungsquelle, um die Anfangsladung des Kondensators zu ermöglichen (Chalasani & Conrad, 2008).

3.4. Thermoelektrisches Anwendungsprinzip

Um die nach Vibration am häufigsten vorkommende Energiequelle, die Temperaturveränderung, nutzen zu können, werden thermoelektrische Anwendungen genutzt. Da diese Veränderungen aber oft nur lokal auftreten, sind thermoelektrische Systeme vor allem in Nischenmärkten wie beispielsweise in der Medizintechnik einsetzbar.

3.4.1. Physikalischer Effekt

Der thermoelektrische Effekt wurde 1821 von Thomas Seebeck entdeckt, weshalb er auch ‚Seebeck-Effekt' genannt wird. Zwischen zwei Punkten eines elektrischen Leiters, die unterschiedliche Temperaturen aufweisen, entsteht eine elektrische Spannung(Lindner, 1993). Bei diesem Anwendungsprinzip kann demnach die bei Temperaturschwankungen oder –veränderungen anfallende Spannung zum Energy Harvesting genutzt werden.

Bringt man zwei verschiedene leitende Materialien A und B so miteinander in Kontakt, dass ein geschlossener Leiterkreis entsteht und erzeugt einen Temperaturunterschied
$\Delta T = T_2 - T_1$ zwischen den beiden Kontaktstellen, dann fließt ein thermoelektrischer Strom (von Ardenne, 2005).

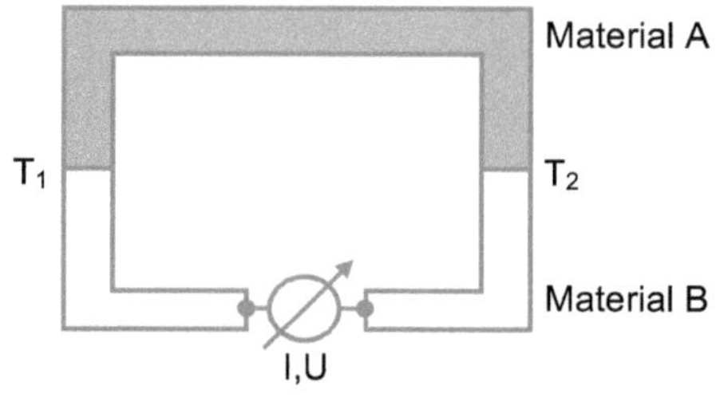

Quelle: Lindner, 1993

Abbildung 14: Thermoelektrischer Stromkreis

Wenn der Stromkreis unterbrochen wird, tritt zwischen den beiden Enden die Thermospannung ΔU auf:

$$\Delta U = (\alpha_A - \alpha_B)\, \Delta T$$

Wobei α_A und α_B die Seebeck-Koeffizienten der beiden Materialien A und B sind.

3.4.2. Stand der Technik

Lawrence et al. (2002) beschreiben eine Methode, den thermoelektrischen Effekt für Energy Harvesting zu nutzen, indem sie einen thermoelektrischen Generator einsetzen. Sodano et al. (2007) entwarfen eine Seebeck Pumpe, die die Temperaturänderung der Umgebung in elektrische Energie umsetzt. Diese Anwendungen haben gezeigt, dass thermoelektrische Generatoren mehr Energie erzeugen können als piezoelektrische. Heutige Umsetzungen von thermoelektrischen Wandlern erreichen bei optimaler Lastanpassung Leistungsdichten von etwa 600 µW/cm³ (Böttner, Nurnus, & Gavrikov, 2004).

Weitere Vorteile dieser Anwendung sind die Langlebigkeit der Thermoelemente, die weitgehende Wartungsfreiheit und die hohe Verlässlichkeit. Allerdings sind die Generatoren bisher relativ teuer. Außerdem sind sie noch nicht geeignet für starke Temperaturgefälle. Der gravierende Nachteil der thermoelektrischen Generatoren ist allerdings die schlechte Effizienz im Bezug auf die Umwandlung der Energie (Chalasani & Conrad, 2008). Obwohl Effektivitätskennziffern bis 3,5 gemeldet wurden, gibt es kaum bestätigte Ergebnisse (CATRENE Working Group on Energy Autonomous Systems, 2009), die den Wert 1 überschreiten. Wirkungsgrade bis 6% sind die Regel (von Ardenne, 2005). Zusätzlich haben thermoelektrische Wandler eine nur geringe verfügbare Spannung (100 mV). Zudem kehrt sich die Ausgangsspannung mit der Richtung des Wärmeflusses um, was mit Gleichrichtern oder Polwendern ausgeglichen werden muss (Kanoun & Wallaschek, 2008).

4. Zukünftige Entwicklung

Der hohe Bedarf für praktikable und bezahlbare Energy Scavenging Systeme und der momentane Stand der Technik zeigen, dass noch Jahre der Forschung und Entwicklung nötig sind, um den Bedarf mit machbaren Lösungen zu decken. Gerade weil das Gebiet der energieautarken Systeme ein schnell wachsender Markt mit hohem Potential ist, ist es wichtig, die zukünftige Entwicklung abschätzen zu können. Um Fehlinvestitionen zu vermeiden und die Forschung in die richtige Richtung zu treiben ist es unumgänglich, die Richtung zu kennen, in die sich der Markt entwickelt (Aichholzer, 2002). Zunächst wird hierfür ein Einblick in aktuelle Studien und Produktentwicklungen gegeben. Anschließend werden Methoden erörtert und schließlich werden mit der passenden Forschungsmethode führende Experten auf dem Gebiet des Energy Harvesting befragt.

4.1. Aktuelle Studien und Produktkonzepte

Es existieren bereits zahlreiche Studien zu Produkten, die das Prinzip des Energy Harvesting nutzen. Einige davon befinden sich bereits in einem marktreifen Stadium oder werden bereits produziert, andere dagegen sind erste Studien und haben noch keine Marktreife.

Die Bekleidungsindustrie forscht nach Einsatzmöglichkeiten autarker Systeme zum Beispiel in Turnschuhen. Diese nutzen die Laufenergie, um Schutzbeleuchtung an der Kleidung mit Energie zu versorgen (Wallaschek, 2007). Das Fraunhofer Institut für Produktionstechnik und Automatisierung arbeitet an der Entwicklung eines Piezobiegewandlers, der in den Wänden einer Druckkammer eingesetzt wird und die Druckänderungen in der Kammer nutzt, um die überwachenden Sensoren mit Energie zu versorgen (siehe Abbildung 15). Die aufwändigen Wartungen und der Austausch des sonst nötigen Batteriesystems können somit vermieden werden. Denkbare Anwendungen für dieses System sind aber auch andere pneumatische und hydraulische Systeme (Tonner, IPA).

Quelle: Tonner, 2009

Abbildung 15: Piezobiegewandler

Das Unternehmen Head produziert bereits Tennisschläger und Skier, die die Vibrationsenergie beim Sport nutzt, um mit Hilfe von piezoelektrischen Fasern aktiv Erschütterungen zu dämpfen und die Stabilität beispielsweise beim Auftreffen des Balls auf den Schläger zu erhöhen. Die Idee dieser piezoelektrischen Fasern ist, dass sich Stoffe der sich ständig ändernden Umgebung anpassen sollen. Derartige adaptive Werkstoffe lassen sich mit Hilfe von piezoelektrischen Materialien, wie Fasern auf der Basis von Blei-Zirkonat-Titanat (PZT), realisieren. Um die piezoelektrischen Eigenschaften nutzbar zu machen, werden die Fasern in ein Polymerharz eingebunden und mit Elektroden versehen, die die elektrischen Signale auslesen (Brunner, 2008).

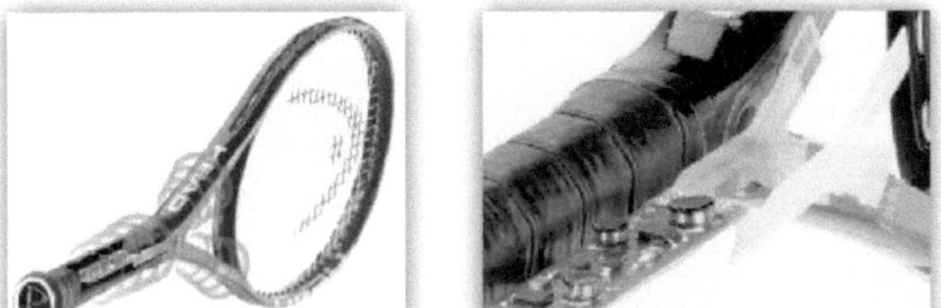

Quelle: Head, 2010

Abbildung 16: Elektronisches Dämpfungssystem beim Head Protector

Der Einsatz dieser Fasern ermöglicht beim Tennisschläger „Head Protector MP" (siehe Abbildung 16) eine Dämpfung des Aufprallschocks um 50 % (Head,

2010). Dabei wird die mechanische Aufprallenergie des Balles piezoelektrisch in Strom umgewandelt, um einerseits die integrierte Elektronik zu betreiben und andererseits um mit Hilfe eines eingebauten Mikrochips die genaue Aufprallrichtung des Balles zu ermitteln, um den Schläger mittels aktiver Fasern genau in dieser Achse für die höchste Kraft zu versteifen. Gleichzeitig werden auf diese Art die Schwingungen im Schläger kompensiert, um den Schlagarm des Spielers zu entlasten.

Die Freiburger Firma Micropelt GmbH entwickelte den Prototypen eines TE-Power-Bolt Thermogenerators in Form einer Schraube, der Batterien in Drahtlossensoren ersetzen soll (siehe Abbildung 17)

Mit dem in einer Schraube eingebauten Thermogenerator können Temperaturunterschiede zwischen 10 °C und 20 °C von Oberflächen und Strukturen genutzt werden. Angeschlossene Verbraucher im Milliwattbereich, beispielsweise Sensoren, können damit betrieben werden. Ab circa 10°C Temperaturunterschied zur Umgebungsluft liefert der integrierte Gleichstromwandler zwischen 0,2 und 15 mW (Micropelt, 2010).

Quelle : Micropelt, 2010

Abbildung 17: TE-Power-Bolt Thermogenerator

In Zusammenarbeit mit der japanischen Soundpower Corporation hat NEC Electronics eine Fernbedienung entwickelt, die komplett ohne Batterien betrieben werden kann (siehe Abbildung 18). Mit Hilfe eines piezoelektrischen Generators werden die beim Tastdruck entstehenden Vibrationen zur Energieversorgung des Gerätes genutzt. Die elementarsten Befehle wie Ein- und Ausschalten des Fernsehers, Wechseln der Kanäle und die Steuerung der Lautstärke können mit dem Prototyp schon erledigt werden. (NEC, 2009).

Quelle : NEC, 2009

Abbildung 18: Fernbedienungsprototyp von NEC

Der Designer Paul Frigout hat im Rahmen eines Wettbewerbs ein Energy-Scavenging-Handy entworfen. Das so genannte Zeri Phone soll sich mit Hilfe eines thermoelektrischen und eines piezoelektrischen Systems seine Energie komplett selbständig beschaffen (siehe Abbildung 19). In das Hüllengewebe des Telefons sind Metalldrähtchen eingearbeitet, die aus den entstehenden Temperaturunterschieden beim Mitführen des Gerätes in der Tasche Energie beziehen. Zusätzlich produziert der piezoelektrische Generator mit Hilfe von Härchen Energie aus den Vibrationen, die vom Wind verursacht werden (Justa, 2009)

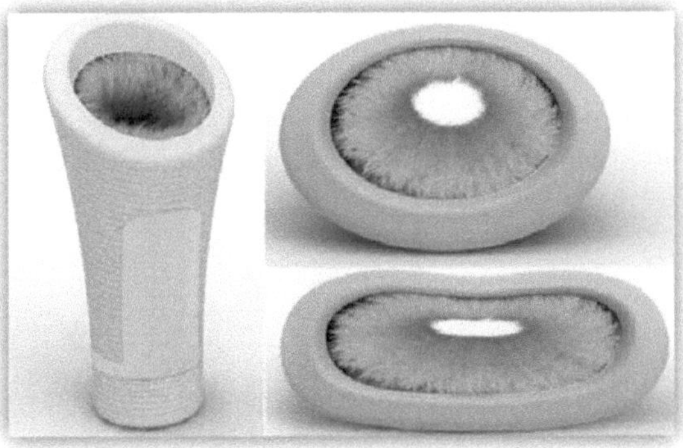

Quelle: Justa, 2009

Abbildung 19: Designstudie Zeri Phone

Darüber hinaus existieren verschiedene Forschungen zu alternativen Energieerzeugern, die vor allem für Anwendungen in der Dritten Welt dringend benötigt werden. Nutzbar sind hierfür die bereits genannten MCFs. Andere Studien nutzen die Strömungsenergie, um mit flaggenartigen Vibrationswandlern Energie zu erzeugen (siehe Abbildung 20).

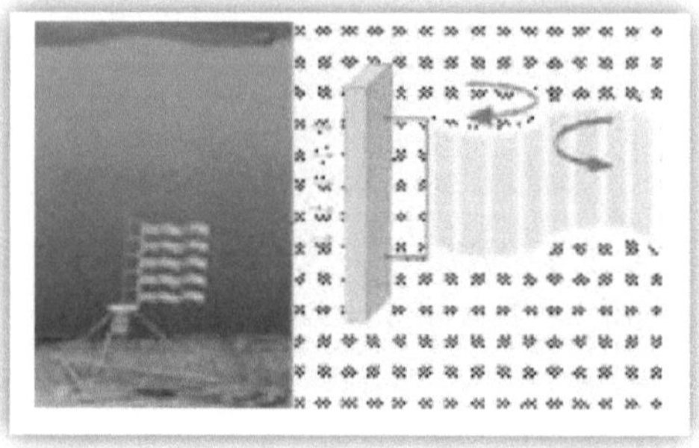

Quelle: Harrop et al., 2009

Abbildung 20: "Piezo Eel" für Strömungs-Harvesting

4.2. Forschungsmethode

Die zahlreichen Beispiele aktueller Entwicklungen geben einen ersten Hinweis darauf, wohin sich der Markt für Energy-Scavenging entwickeln könnte. Um diesen Trend genauer zu untersuchen und generellere Aussagen für die Entwicklung des gesamten Marktes geben zu können, lassen sich verschiedene Methoden der Marktforschung einsetzen. Armstrong (2006) teilt diese Methoden zur Vorhersage in qualitativ und quantitativ beziehungsweise in meinungsgebunden und statistisch ein (siehe Abbildung 21).

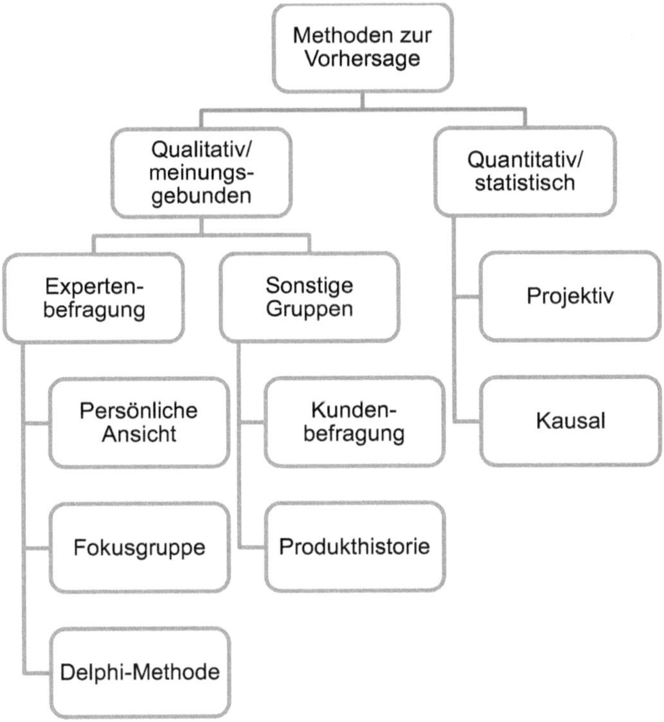

Quelle: Armstrong, 2006

Abbildung 21: Methoden zur Vorhersage

Qualitativ bedeutet hierbei, dass im Gegensatz zur quantitativen Forschung keine statistisch auswertbaren Daten erhoben werden. Stattdessen versucht die qualitative Forschung durch Interpretation von offen gestellten Fragen einen Einblick in unbekannte Sachverhalte zu erlangen (Bortz & Döring, 2009). Meinungsgebundene Vorhersagen machen sich das Wissen von Personen oder Personengruppen zu nutzen. Man unterscheidet hierbei zwischen Expertenbefragung und der Befragung sonstiger Gruppen. In der Praxis werden hauptsächlich die folgenden qualitativen Methoden genutzt (Armstrong, 2006). Während bei der persönlichen Ansicht nur ein einzelner Experte befragt wird und das Ergebnis auf seiner subjektiven Einschätzung beruht, äußern sich bei einer Fokusgruppe mehrere Personen zu dem jeweiligen Thema und können durch Diskussion zu einem reflektierter und daher verlässlicheren Ergebnis kommen. Da

Fokusgruppen allerdings oft das Problem haben, dass ein Mitglied der Gruppe als Meinungsführer die Diskussion dominiert und schwächere Mitglieder dazu neigen, ihm zuzustimmen statt ihre eigene Ansicht zu vertreten. Zusätzlich muss ein nicht unerheblicher logistischer und finanzieller Aufwand betrieben werden, um die Experten zum gleichen Zeitpunkt am gleichen Ort zu versammeln. Um all diesen Problemen zu begegnen, wird die Delphi-Methode angewendet. Hierbei werden Fragebogen an die Experten versendet, ausgewertet und deren Ergebnisse in Feedback-runden solange an die Befragten versendet, bis ein Konsens ablesbar ist. Zusätzlich zu Experten können auch Kunden befragt werden oder bereits bestehende ähnliche Produkte ausgewertet werden, um Aussagen über die zukünftige Entwicklung treffen zu können (Armstrong, 2006).

In der vorliegenden Arbeit soll anhand einer Expertenbefragung ein Ausblick auf zukünftige Entwicklungen im Bereich Energy Scavenging gegeben werden. Aufgrund des hohen Aufwands für Fokusgruppe und Delphi-Methode und der mangelnden Aussagekraft der Ansicht eines einzelnen Experten wird auf eine Mischform zurückgegriffen. Es werden per E-Mail verschiedene Experten aus dem Gebiet des Energy Harvesting einzeln befragt und deren Meinung in einem zusammenfassenden Überblick aufgezeigt.

4.3. Expertenbefragung

Der Befragte im Sinne der Expertenbefragung ist weniger als Person, sondern vielmehr in seiner Funktion als Experte für bestimmte Handlungsfelder interessant. Er wird daher auch nicht als Einzelfall gewertet, sondern als Repräsentant einer Gruppe in die Untersuchung einbezogen (Mayer, 2006). Die Untersuchung bezieht sich dadurch auf einen klar definierten Wirklichkeitsausschnitt, im hier vorliegenden Fall der Entwicklung und Trends des Energy-Scavenging. Die gestellten Fragen konzentrieren sich daher auf die zukünftige Entwicklung bei den bereits dargestellten technischen Anwendungsprinzipien, auf denkbare Anwendungen und Märkte. Darüber hinaus sollen technische Machbarkeit und mögliche Leistungsdichten für die nächsten 10 Jahre abgeschätzt werden, um einen Einblick in die Entwicklung des Marktes im nächsten Jahrzehnt zu erhalten.

4.4. Befragte Experten

Die befragten Experten sollten möglichst in die Forschung involviert sein, um einen Einblick in zukünftige Entwicklungen zu haben und eine größtmögliche Objektivität zu erreichen. Angeschrieben wurden deshalb vor allem Professoren und Dozenten, die sich mit dem Thema Energy Harvesting beschäftigen und bereits einschlägige Literatur auf dem Gebiet veröffentlicht haben. Im Folgenden eine Vorstellung der Experten, die auf die Befragung geantwortet haben und deren Institution.

Die TU Chemnitz beschäftigt sich an mehreren Lehrstühlen mit energieautarken Systemen. Dipl.-Ing. Jörg Schaufuß ist Doktorand am Lehrstuhl für Mikrosystem- und Gerätetechnik, sein Forschungsschwerpunkt ist Energy Harvesting. 2009 veröffentlichte er eine Arbeit über kapazitive Niederfrequenz-Harvester („Abstimmbarer kapazitiver Niederfrequenz-Energy Harvester“; Schaufuß et al., 2009).

Auch Prof.Dr. Olfa Kanoun ist an der TU Chemnitz beschäftigt. Seit 2007 ist sie Lehrstuhlinhaberin des Lehrstuhls für Mess- und Sensortechnik. Nach dem Abschluss in Elektro- und Informationstechnik an der TU München 1995 promovierte sie 2001 an der Universität der Bundeswehr in München. Prof.Dr. Kanoun ist Herausgeberin der Zeitschrift "Transactions on Systems, Signals and Devices" und Mitglied der Forschungsgruppe Energy Harvesting der TU Chemnitz. Im Rahmen der regelmäßigen Veranstaltung "Energy Harvesting - Grundlagen und Praxis energieautarker Systeme" im Haus der Technik Essen hält sie darüber hinaus Vorträge zum Thema Energy Harvesting.

Dr.-Ing. Tobias Hemsel ist Oberingenieur des Lehrstuhls Mechatronik und Dynamik der Fakultät für Maschinenbau an der Universität Paderborn. Dr.-Ing. Hemsel ist Ansprechpartner für den Forschungsschwerpunkt „Entwurf mechatronischer Systeme“ des Lehrstuhls, der auch Forschung auf dem Gebiet des Energy Harvesting beinhaltet.

Peter Spies arbeitet seit 1998 am Fraunhofer Institut für Integrierte Schaltungen IIS. Das 1985 gegründete Institut ist die größte Einrichtung der Fraunhofer Gesellschaft und beschäftigt sich mit der Forschung unter anderem auf den Gebieten der Mikroelektronik, der Informationsverarbeitung und der Telekommunikation. Im Geschäftsfeld des Power- und Batteriemanagement gehören auch Energy Harvesting Systeme zum Forschungsgebiet des Instituts. Peter Spies veröffentlichte bereits zahlreiche Literatur („Power Management for Energy Harvesting Applications"; Spies et al., 2007) und hält Vorträge zum Thema energieautarke Systeme.

Ebenfalls am Fraunhofer Institut beschäftigt ist Dr. Friedemann Tonner. Er arbeitet im Institut für Produktionstechnik und Automatisierung IPA in Stuttgart und ist dort zuständig für Prozessengineering funktionaler Materialien. Im Rahmen seiner Forschung beschäftigt er sich vor allem mit Möglichkeiten, Sensoren zur Prozessüberwachung autark mit Energie zu versorgen.

Prof. Dr. Wallrabe hält am Institut für Mikrosystemtechnik (IMTEK) an der Universität Freiburg seit 2003 die Professur für Mikroaktorik. Darüber hinaus arbeitet sie beim Graduiertenkolleg „Micro Energy Harvesting" der Universität Freiburg. Das Programm basiert auf einer Zusammenarbeit des IMTEK und des Freiburger Materialforschungszentrum (FMF), zusammen mit dem Fraunhofer-Institut für Solare Energiesysteme (FhG-ISE). Die Teilnehmer werden im Rahmen des Graduiertenkollegs in verschiedenen Bereichen (Medizintechnik, Gebäudetechnik, Mikroelektronik etc.) unterrichtet, um ein möglichst umfangreiches Wissen über den Bereich des Energy Harvesting zu erlangen.

Prof. Dr. Christian Diskus ist seit 1998 Professor am Institut für Mikroelektronik und Mikrosensorik der Universität Linz. Seine Forschungsgebiete sind unter anderem Halbleitertechnologien und Sensoren. 2010 veröffentlichte er einen Aufsatz zum Thema Energy Harvesting in der Fachzeitschrift e&i („Energy Harvesting – ein Überblick"; Diskus, 2010).

Susann Reuter leitet die deutsche Abteilung von IDTechEx, einem Unternehmen, dass Forschung in den Bereichen RFID, Photovoltaik und Energy Harvesting betreibt. Außerdem gibt das Unternehmen das „Energy Harvesting Journal" heraus, für das auch Frau Reuter regelmäßig Artikel schreibt. Auch Peter Harrop arbeitet für IDTechEx und ist Herausgeber der Studie „Energy Harvesting and Storage for Electronic Devices 2009-2019", die sich ausführlich mit der Zukunft des Energy Harvesting beschäftigt. Beide Mitarbeiter haben zwar nicht die von uns gestellten Fragen beantwortet, unterstützten uns aber mit umfangreichem Material.

Prof.Dr.-Ing. Jörg Wallaschek leitet seit 2007 das Institut für Dynamik und Schwingungen in der Fakultät Maschinenbau der Universität Hannover. Seine Arbeitsschwerpunkte liegen unter anderem bei Aktorik, Piezo- und Ultraschall-technik sowie Mechatronik. Zusätzlich veröffentlichte er mehrere Artikel über Energy Harvesting in einschlägigen Fachzeitschriften („Power output estimation and experimental validation for piezoelectric engergy harvesting systems"; Wallaschek et al., 2008). Sein Spezialgebiet sind piezoelektrische Schwingungswandler, sein Institut arbeitet daher eher an den Grundlagen der Modellierung als an konkreten Anwendungen.

4.5. Ergebnisse der Befragung

Grundlage der Ergebnisse über Trends und Möglichkeiten des Energy Scavenging sind die Antworten der oben genannten Experten. Falls möglich oder notwendig, werden die Aussagen mit aktuellen Studien und zusätzlichen Materialien unterlegt.

Bei der Frage, welches der Anwendungsprinzipien in den nächsten 10 Jahren die stärkste Verwendung im Markt finden wird, herrschte Uneinigkeit zwischen den befragten Experten. Das kann damit zusammenhängen, dass jedes der Prinzipien abhängig von der Anwendung unterschiedliche Leistungen sowie Vor- und Nachteile aufweisen. Je nach Forschungsgebiet sehen die Experten demnach dasjenige Prinzip als am aussichtsreichsten, das bei der angestrebten Anwendung am profitabelsten eingesetzt werden kann: „Die verschiedenen Prinzipien für Generatoren sind eng mit der entsprechenden Nische verknüpft, eine allgemeine Aussage, welche der Nischen besonders wichtig wird, kann daher nicht getroffen werden" (Tonner, IPA). Größere Einigkeit herrschte dagegen bei der Energiequelle, die das größte Potential für Energy Scavenging Systeme bietet: „Da Vibration fast überall vorhanden ist, haben die kinetischen Energy Harvester das größte Potential" (Dipl.-Ing. J. Schaufuß, TU Chemnitz). Wie bereits erwähnt eignen sich für vibrationsbasierte Systeme vor allem piezoelektrische und elektromagnetische Wandler. Sie sind kurzfristig kostengünstig verfügbar (Dr.-Ing. T. Hemsel, Uni Paderborn), einfach im Aufbau und in der Miniaturisierung (P. Spies, IIS). Doch auch für thermoelektrische Anwendungen sehen die Experten eine große Zukunft, auch wenn diese nur lokal begrenzt einsetzbar sind (Dipl.-Ing. J. Schaufuß, TU Chemnitz).

Befragt nach denkbaren Wirkungsgraden halten die Befragten für die nächsten 10 Jahre einen Wert bis 20% für realistisch (Prof.Dr O. Kanoun, TU Chemnitz). „Im Allgemeinen werden damit Leistungen im Mikrowatt-Bereich möglich sein, in sehr wenigen Fällen auch Milliwatt." (Dipl.-Ing. J. Schaufuß, TU Chemnitz). Diese Einschätzung deckt sich mit den Aussagen der anderen Experten, die ebenfalls Leistungen im Mikrowatt- bis unterer Milliwatt- Bereich vorhersagen, sowie den Ergebnissen der Arbeit von Roundy (2003). Dieser spricht von Werten für piezoelektrische Vibrationswandler bis zu 250 Mikrowatt. Bei thermoelektrischen Systemen sind Leistungen um 15 Mikrowatt denkbar (siehe Tabelle 3).

Energiequelle	Leistungsdichte
Solar (Outdoor)	15000 µW/cm³
Solar (Indoor)	6 µW/cm³
Vibration (Piezoelektrisch)	250 µW/cm³
Vibration (Elektrostatisch)	50 µW/cm³
Akustischer Lärm	0,003 µW/cm³ (bei 75 dB)
Temperaturänderung (thermoelektrisch)	15 µW/cm³ (Δt = 10°C)
Batterien (nicht wiederaufladbar)	45 µW/cm³ (für ein Jahr)
Batterien (wiederaufladbar)	7 µW/cm³ (für ein Jahr)

Quelle: Roundy, 2003

Tabelle 3: Abschätzung der erreichbaren Leistungsdichte für die kommenden 10 Jahre

Laut der Studie von IDTechEx, "Energy Harvesting and Storage for Electronic Devices 2009-2019" (Harrop & Das, 2009), teilt sich der Markt für Energy Harvesting Anwendungen in die Bereiche Konsumenten, Industrie, Luft-und Raumfahrt sowie Miltär, Anwendungen in der Dritten Welt und Andere (siehe Abbildung 22).

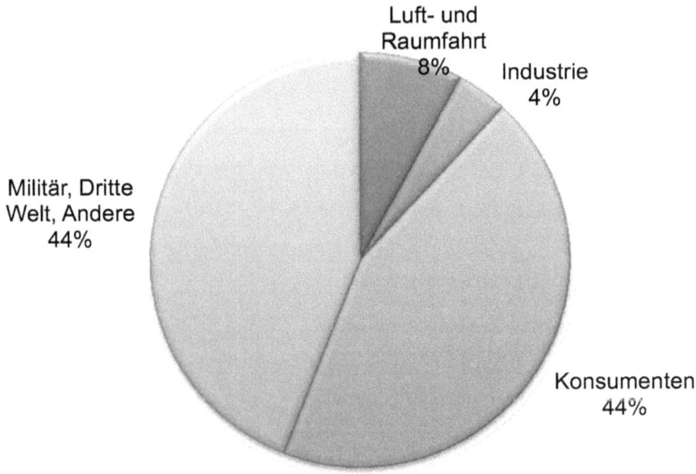

Quelle: Harrop et al., 2009

Abbildung 22: Marktvolumen für Energy Harvesting Anwendungen

Die befragten Experten sehen im Bereich der Konsumenten vor allem das Ersetzen der konventionellen Batterien als Haupteinsatzgebiet. Der Vergleich mit den Leistungsdichten der herkömmlichen Batterien und Akkus zeigt, dass die potentiell erreichbaren Leistungen der Energy Harvesting Systeme dafür ausreichen (siehe Tabelle 4). Beispiele für Anwendungen in diesem Bereich sind das „Ambient Assisted Living", also das Erleichtern und Unterstützen des täglichen Lebens vor allem älterer Menschen (Prof.Dr O. Kanoun, TU Chemnitz), MP3- Player beim Joggen, Leuchtende Kleidung, Fahrradlampen sowie Kinderspielzeug (Prof. Dr. U. Wallrabe, Uni Freiburg).

In den restlichen drei Bereichen stellen autarke Sensoren (Dr.-Ing. T. Hemsel, Uni Paderborn; Prof.Dr O. Kanoun, TU Chemnitz, Dr. C. Diskus, Uni Linz) und

Sensornetzwerke (Dipl.-Ing. J. Schaufuß, TU Chemnitz; Prof. Dr. U. Wallrabe, Uni Freiburg) das größte Potential dar. In den nächsten Jahren sind Einsätze z.B. in der Automobilbranche (Dipl.-Ing. J. Schaufuß, TU Chemnitz), im Umweltmonitoring (Prof. Dr. U. Wallrabe, Uni Freiburg) und sonstigen industriellen Anwendungen realisierbar.

Um Energy Harvesting Systeme zu kommerzialisieren und dem Massenmarkt zugänglich zu machen, werden zunächst allerdings diejenigen Anwendungen realisiert, „in denen es nicht auf Preis und Größe des Energiewandlers ankommt (Brücken, Anlagen, Flugzeuge etc.). Weiterhin sind das Anwendungen, wo man mit Batterien nichts erreichen kann, weil die Laufzeit extrem lang ist (Sensordatenübertragung über mehrere Jahre) oder die Umgebungsbedingungen extrem rau (Hitze, Kälte) sind. Durch diese ersten Anwendungen und die damit verbundene Massenfertigung sollten dann auch der Preis und die Baugröße reduziert werden, sodass man auch in bestimmten Anwendungen die Batterie ersetzen kann (Medizintechnik wie Hörgeräte, später Konsumentenanwendungen, da hier der Preiskampf am härtesten ist.)“ (P. Spies, Fraunhofer Institut). Massenmärkte werden aber auch in Zukunft eher diejenigen Bereiche sein, in denen mobile Maschinen eingesetzt werden, das heißt beispielsweise Industrieautomation und Logistik, da hier autarke Sensorsysteme große Vorteile schaffen können. „Bahntechnik, Lastwagen, innerbetriebliche Transportsysteme. Das sind die Massenmärkte. Nischen sind z.B. Medizintechnik, wie Überwachung von Prothesen oder ähnliches“ (Wallaschek, Uni Hannover)
Betrachtet man die Zukunft der Energy Scavenging Systeme ökonomisch, zeigt sich, dass ein jährliches Marktvolumen von bis zu 1,1 Billionen USD erzielbar wäre (siehe Tabelle 4). Die größten Umsätze wären demnach mit Anwendungen auf dem Konsumentenmarkt erzielbar (ca. 1 Billion USD), gefolgt von Gebäudetechnik (75 Mrd. USD), Militär (50 Mrd. USD) und der Medizinbranche (10 Mrd. USD) (Harrop & Das, 2009).

Markt	Schlüsselindikator	Jährliches Marktvolumen
Konsumentengüter ohne Elektronikartikel	• 5-10 Billionen Konsumentengüter jährlich • Potentiell 10% mit Energy Harvesting	1000 Mrd. USD
Gebäude	• 500 Mio. geeignete Gebäude • ~100 EH Bedienelemente je Geb. • ~ 50 EH Lichter je Geb.	75 Mrd. USD
Militär, sonstige Industrie	• Mrd. von Kabellosen Sensornetzwerken • Militär: min. 2 Mrd. Güter in Versorgungskette mit Echtzeitüberwachungssystemen	50 Mrd. USD
Gesundheitswesen	• 50 Mrd. Medikamentenpackungen • Alternde Gesellschaft: medizinische Implantate, Hörgeräte...	10 Mrd. USD
Typenschilder	• 60 Mrd. jährlich • Potentiell 10% e-labels	6 Mrd. USD
Bücher, E-Books, Zeitschrift	• 50 Mrd. Bücher • 10% EH Werbemittel	5 Mrd. USD
Elektronikartikel für Konsumenten	• Elektr. Uhren • Handys, Laptops ...	4 Mrd. USD
Automobilbranche	• Größter Sensorenmarkt • ca. 50 Sensoren pro Auto mit EH	3 Mrd. USD
Smart Cards	• Eine Mrd. Karten weltweit	1 Mrd. USD
Autoschlüssel	• Ersatz der Batterie	0,05 Mrd. USD
Sonstige	• Forschung, Tiere, Finanzmarkt...	2 Mrd. USD
	Summe	1156 Mrd. USD

Quelle: Harrop et al., 2009

Tabelle 4: Potentielles Marktvolumen für Energy Harvesting

5. Fazit

Der Traum aller Bemühungen im Bereich Energy Scavenging ist das Ersetzen der herkömmlichen Batterien und Energiequellen durch Systeme, die die Energie aus der Umgebung beziehen und damit fast völlig autark funktionieren. Wie gezeigt wurde, gibt es einen fast unendlichen Bedarf für solche Systeme, sei es in benachteiligten Ländern, in denen die Anwendung zu einer Verbesserung der Lebenssituation führen könnte, oder in entwickelten Ländern, in denen der Ersatz von Batteriesystemen für Kosten- und Aufwandseinsparungen sorgt und zusätzlich die Umwelt entlastet. Darüber hinaus stellen Energy Harvesting Systeme einen lukrativen und zukunftsfähigen Markt dar. Nutzbare Quellen wie Vibration sind fast überall vorhanden und können mit den entsprechenden Wandlern genutzt werden. Die Recherche und die Befragung der Experten haben allerdings gezeigt, dass die technische Machbarkeit noch Grenzen aufzeigt. Die erreichbaren Leistungsdichten reichen nicht, um Geräte zu versorgen, die mehr als einige Mikrowatt benötigen. Laut der Einschätzung der befragten Experten ist eine Leistungsdichte über wenigen Milliwatt auch in den nächsten 10 Jahren nicht realistisch. Das machbarste und damit größte Potential des Energy Scavenging liegt daher in der Versorgung von Sensoren und Sensornetzwerken. Da der Einsatz von Sensoren kontinuierlich steigt, wird auch der Bedarf nach kabel- und wartungsfreier Energieversorgung immer größer. Energy Scavenging stellt hierbei eine große Erleichterung dar, mithilfe dieser Anwendungen lassen sich Brücken, Flugzeuge und andere Großanlagen, die nur schwer zugänglich sind, kostengünstig und effizient überwachen. Doch auch in Nischenmärkten können die Systeme zu großen Erleichterungen führen. Medizinische Anwendungen können beispielsweise Operationen überflüssig machen, in denen bisher Batterien für Implantate wie Herzschrittmacher ausgetauscht werden mussten. Trotz einiger Grenzen wird der Einsatz von Energy Harvesting Systemen in den nächsten Jahren zunehmend an Bedeutung gewinnen und es werden Anwendungen entstehen, die sowohl industriell wie auch kommerziell genutzt werden können.

Literaturverzeichnis

Aichholzer, G. (2002). *Das ExpertInnen-Delphi: Methodische Grundlagen und Anwendungsfeld "Technology Foresight".* Wien: ITA.

Armstrong, M. (2006). *A handbook of management techniques.* London: Kogan Page.

Beeby, S., Tudor, M., & White, N. (2006). Energy harvesting vibration sources for Microsystems applications. *Journal of Measurement Science and Technology* (17).

Bortz, J., & Döring, N. (2009). *Forschungsmethoden und Evaluation.* Heidelberg: Springer.

Böttner, H., Nurnus, J., & Gavrikov, A. (2004). New Thermoelectric Components Using Microsystem Technologies. *Journal of MEMS , 3* (13).

Brunner, B. (28. 8 2008). *Multifunktionale Faserverbundwerkstoffe.* Abgerufen am 20. Januar 2010 von www.isc.fraunhofer.de: http://www.isc.fraunhofer.de /adaptive_mat_anwen_bsp_det+M56e29643d58.html

CATRENE Working Group on Energy Autonomous Systems. (2009). *Energy Autonomous Systems: Future Trends in Devices, Technology, and Systems.*

Chalasani, S., & Conrad, J. (2008). *A Survey of Energy Harvesting Sources for Embedded Systems.* Charlotte: University of North Carolina.

Diskus, C. (2010). Energy Harvesting- Ein Überblick. *e&i* (127).

Folkmer, B. (2007). Mikro-Energietechnik/ Energy Harvesting: Elektromagnetische Vibrationsgeneratoren. *Anwendungsbericht S&S, HSG-IMIT Institut für Mikro- und Informationstechnik .*

Harrop, ,. P., & Das, R. (2009). *Energy Harvesting and Storage for Electronic Devices 2009-2019.* Cambridge: IDTechEX.

Harrop, P. (2009). An Introduction to Energy Harvesting.

Head. (2010). *Protect system - Tennis Elbow Protection Technology*. Abgerufen am 22. Januar 2010 von Head.com: http://www.head.com/tennis/ technology.php?region=de&tag=protect_system

Hebling, C. (2007). Mikroenergietechnik macht mobil. *Physik-Journal , 10*, S. 33-40.

Henderson, T. (2009). Dirt powered battery for rural Africa. *Energy Harvesting Journal* .

Hering, E., Martin, R., & Stohrer, M. (1989). *Pysik für Ingenieure.* Düsseldorf: VDI-Verlag.

Justa, A. (17. 12 2009). *Best Green Concept Phones unveiles in 2009.* Abgerufen am 22. Januar 2010 von Greendiary: http://www.greendiary.com/ entry/best-green-concept-phones-spotted-this-year/

Kanoun, O., & Wallaschek, J. (2008). *Energy Harvesting - Grundlagen und Praxis energieautarker Systeme.* Renningen: Expert Verlag.

Lawrence, E. E. (2002). *A Study of Heat Sink Performance in Air and Soil for Use in a Thermoelectric Energy Harvesting Device.* Portland: Proceedings of the 21st International Conference on Thermoelectronics.

Lindner, H. (1993). *Physik für Ingenieure.* Leipzig: Fachbuchverlag Leipzig.

Liu, Y., Tian, G., Wang, Y., Lin, J., Zhang, Q., & Hofmann, H. (2009). Active Piezoelectric Energy Harvesting: General Principle and Experimental Demonstration. *Journal of Intelligent Material Systems and Structures* (20), S. 575-585.

Mayer, H. (2006). *Interview und schriftliche Befragung.* München: Oldenbourg Wissenschaftsverlag GmbH.

Micropelt. (2010). *Thin Film Thermogenerators and Sensing Devices.* Abgerufen am 22. Januar 2010 von Datasheet: Micropelt TE-Power Bolt: http://www.micropelt.com/down/Datasheet_mpg_d602_d751.pdf

NEC. (2. 12 2009). *Battery-Free Remote Control For Home Electric Appliances.* Abgerufen am 22. Januar 2010 von NEC Electronics and Soundpower Corp.: http://www.necel.com/news/en/archive/0912/0201.html

Newnham, E. R., Skinner, D. P., & Cross, E. L. (1978). Connectivity and Piezoelectric-pyroelectric Composites. *Mater. Res. Bull* (13), S. 525–536.

Niggemann, E., Michels, J., & Richter, B. (2008). Anforderungen an energieautarke Systeme, mögliche Anwendungsfelder und aktuelle Untersuchungen. In O. Kanoun, & J. Wallaschek, *Energy Harvesting.* Renningen: Haus der Technik Fachbuch.

OLPC. (2010). *One Laptop Per Child.* Abgerufen am 13. Januar 2010 von http://laptop.org/en/index.shtml

Roundy, S. (2003). *Energy Scavenging for Wireless Sensor Nodes with a Focus on Vibration to Electricity Conversion.*

Roundy, S. (2005). On the Effectiveness of Vibration-based Energy Harvesting. *Journal of Intelligent Material Systems and Structures* (16), S. 809-823.

Roundy, S., Wright, P., & Rabaey, J. (2003). A study of low level vibrations as a power source for wireless sensor nodes. *Computer Communications , 26* (11), S. 1131-1144 .

Schaufuß, J., Scheibner, D., & Mehner, J. (2009). Abstimmbarer kapazitiver Niederfrequenz-Energy Harvester. S. 79-84.

Schrader, C. (2009). Die Energie liegt auf der Straße. *Süddeutsche Zeitung* .

Shashank, P., & Inman, D. (2009). *Energy Harvesting Technologies.* Berlin: Springer.

Sodano H. A., S. G. (2007). Recharging Batteries using Energy Harvested from Thermal Gradients. *Journal of Intelligent Material Systems and Structures* (18), S. 3-10.

Spies, P., Pollak, M., & Rohmer, G. (2007). *www.iis.fraunhofer.de.* Abgerufen am 10. Januar 2010 von http://suche.iis.fraunhofer.de/?QueryText =Power+Management+for+Energy+Harvesting+Applications&search=Suchen& operator=QueryAll&search=x&institut=iis&showdesc=&mask=www_iis

Starner, T., & Paradiso, J. (2004). Human generated power for mobile electronics. *Powering the Future* .

von Ardenne, M. (2005). *Effekte der Physik und ihre Anwendung.* Frankfurt a.M.: Harri Deutsch Verlag.

Wallaschek, J. (2007). Energy Harvesting- Grundlagen und Praxis energieautarker Systeme. Essen.

Wallaschek, J., Twiefel, J., Richter, B., & Sattel, T. (2008). Power output estimation and experimental validation for piezoelectric engergy harvesting systems. *Journal of Electroceramics , 3-4* (20), S. 203-208.

Wang, L., & Yuan, F. (2007). Energy harvesting by magnetostrictive material (MsM) for powering wireless sensors in SHM. *SPIE Smart Structures and Materials & NDE and Health Monitoring , 14th International Symposium (SSN07)*.

Wang, Q.-M., Du, X.-H., Xu, B., & Cross, E. (1999). Electromechanical coupling and output efficiency of piezoelectricbending actuators. *IEEE Trans. Ultrason. Ferroelect. Freq. Contr , 46* (3), S. 638–646.